Falcon in the Forest
森のハヤブサ
Photo & Explanation by Shozo Yona

ナニワの空に舞う　写真・解説——与名正三

ハヤブサ（隼）の営巣地は金剛生駒国定公園の北端、
府民の森の哮ヶ峰（186m）南側の岩場にある。

生駒山系

大原山　暗峠　　　生駒山 642m　　哮ヶ峰

秋が深まる11月初旬、営巣地の岩棚にハヤブサ夫婦が戻ってくる（ハヤブサは留鳥で周年同じ場所に生息するが8月から10月は行動圏が広がり営巣地付近で姿を見ることは少ない）。

岩棚の上部にある止り木で獲物のレースバト（鳩）を解体するメス。オスが近くでうらやましそうに見つめていた。

捕えた獲物のレースバトを持って岩場近くの止り木に戻ってきたメス。

コナラ（小楢）の葉が真赤に染まる12月初旬、お気に入りの止り木で休息をとるオス。獲物を食べた後なのだろうか、胸の部分が膨らんで見える。

12月中旬、岩場上部で食事をとるメスと、メスが安心して食事をとれるよう周囲を警戒するオス。

1月下旬、突然の降雪にも動じることなくお気に入りのコナラの木に止り遠くを見つめるオス。

岩場周辺には他の猛禽が出現することもある。
体長が倍近くもあるノスリ(タカの仲間)にひるむことなく攻撃を行い追い払うオス。

獲物のヒヨドリ〈鵯〉を持って岩場近くへ戻ってきたオス（森に生息するハヤブサにとってヒヨドリは格好の獲物なのだろうか、ムクドリ〈椋鳥〉に次いで数が多いようだ）。

獲物のツグミ〈鶫〉を持って尾根上を旋回するメス（冬場はツグミを捕えることも多い）。

岩場にいたメスが突然前屈みになったかとおもうと、オスが鳴き声をあげ背後から飛来した（交尾の際メスが傷つかないように爪を内側に曲げている）。

交尾は抱卵が近づくにつれ回数が多くなり、抱卵直前には1日に5〜6回も行われる。

縄張り(テリトリー)を誇示するため、巣のある岩場上空を旋回するオス(ハヤブサは岩場付近で発生する熱上昇気流＝サーマルを巧みに利用し、かろやかに旋回を行う)。

獲物を見つけ、尾根上にある止り木（コナラ）から力強く飛び立って行くオス。

獲物を見つけ急降下するオス（ハヤブサはハンティングの際、落下速度を利用して高空から急降下、さらにゆるやかに回転しながら獲物を追跡するが、そのスピードは時速300km以上になるともいわれている）。

「ギェーギェーギェー」。鳴きながら獲物のレースバトを持って岩場へ戻って来たオス。

抱卵の期間、狩りは主にオス(下)が行う。長時間獲物が捕れないときは岩の隙間から貯食していた獲物のヒヨドリを引き出しメス(上)に与える。

オスと抱卵を交代し、お気に入りの止り木で休憩をとるメス。腹部に直前まで卵を抱いていた跡がうかがえる(ハヤブサの巣は他のワシやタカの仲間とちがい地面に小石を敷きつめた簡素なもので毎年2〜4個直径約5cmの赤褐色の卵を産み、オス、メス交代で抱卵を行う)。

食事を終えたメス（左）は残りの獲物のレースバトをアカマツの根元に隠そうとするが、
空腹のオス（右）がやってきて獲物を奪おうとする

岩場上空を滑翔するメス(ハヤブサの体長はオス38.5〜44.5㎝、メス46〜51㎝、翼開長オス84〜104㎝、メス111〜120㎝でカラスくらいの大きさだ)。

前年に巣立ったハヤブサだろうか、岩場上空に飛来した若鳥に攻撃を行い縄張り(テリトリー)の外に追い払うオス。

獲物のレースバトを持って急降下し、警戒しながら巣のある岩棚に戻ってくるメス。

4月初旬ヒナが誕生すると親鳥(オス)は獲物の肉片を持って直接巣の中へ入る(ハヤブサの抱卵期間は30〜35日である)。

営巣地のある哮ヶ峰東側の山頂には鉄塔がある。ハヤブサは鉄塔に止り縄張りを誇示したり狩りのための見張り等を行う。

4月初旬、巣のある岩場周辺ではヤマザクラの花が次々と咲き始める。岩棚を飛び立ち狩りに出かけるオス。

オスが捕えた獲物のヒヨドリを持って鳴きながら帰ってくると、岩場近くにいたメスが飛び立ち、空中であおむけに身をひるがえし獲物をキャッチする。

貯食していた獲物の小鳥を空中で落下させるオス（上）。すかさずメス（下）がキャッチするが、もしキャッチに失敗しても身をひるがえし、獲物が地上に落下するまでに再キャッチする。

オスの持ってきた獲物のキジバト（雉鳩）を空中であおむけに回転して受け取るメス（空中での獲物の受け渡しはヒナが誕生した後から頻繁に行われる）。

オスが獲物のムクドリを持って帰ると巣の近くにいたメスがすぐさまやってくる。

メスは獲物のムクドリを受け取ると口から足へ持ちかえ、解体しやすい岩場へと向う。

オスから獲物のタシギ（田鴫）を受け取った後、鳴きながら岩棚を飛び立つメス

獲物のムクドリを持って岩棚へ戻って来たオス(右)に、鳴きながら獲物を受け取ろうとするメス(左)。

オスがメスに対して獲物を受け渡す行動は、求愛の行為であり、メスがヒナに対して給餌(きゅうじ)を行うための一環でもある。

メスが食事を終え戻って来ると、それまでヒナたちの様子を見守っていたオスが狩りへと飛び立って行く。

獲物のムクドリを捕え岩棚に戻って来たオス（メスが巣の中にいる場合オスは獲物を持って巣の中へ入るが、受けとったメスは獲物を持って外に飛び出し、岩場で解体した後、巣の中にいるヒナたちに与える）。

狩りにつかれたオス（右）がコナラの横枝で休息をとろうとするとメス（左）がやって来て鳴き叫び、狩りに行くように促す（オスとメスはほぼ同色で識別はむずかしいが、オスの喉の部分が真白なのに対し、メスの喉の部分にはゴマ状の斑点がある）。

捕えた獲物をモチツツジと岩の間の隙間に隠し飛び立って行くオス（ハヤブサは捕えた獲物を貯食する習性があり、巣のある岩場には獲物を隠す幾つかの貯食場がある）。

貯食していた獲物のムクドリを嘴にくわえて岩場を飛び立つメス（時折、獲物を隠した場所が解らなくなり、岩場にある貯食場周辺をうろうろすることもある）。

5月初旬それまで巣の中にいたヒナ(ふ化後約25日)が姿を現わす。ヒナは親鳥(メス)の姿を見ると、まだおぼつかない足どりで親鳥に近よって行く。

オスが獲物を持って帰らない場合はメスも狩りに出かける。岩棚を飛び立つメス。

営巣地のある岩場付近は上昇気流が発生しやすい。オスが岩棚で獲物のヒヨドリをくわえた瞬間、解体された獲物の羽が粉雪のように周囲に舞い上がった。

オスが草の根元に貯食していた獲物のキジバトをくわえると、メスが飛来し鳴き叫ぶ（どうやら獲物の管理はメスが主導権を握っているようだ）。

岩場近くに飛来したカルガモを追いかけるオス。カルガモはできるだけ地上近くに逃げようと必死である。

メスに獲物のヒヨドリを渡すとすぐさま次の狩りへと飛び立って行くオス。

強い日差しを避けるため岩棚の陰で身を寄せ合う親鳥(メス)と3羽のヒナたち(ふ化後約27日)。

オスが獲物のセッカ（雪加）を持って岩棚に帰ると、すぐさまメスがやって来て鳴き声をあげ、獲物を渡すよう要求する。

餌を持って巣へ戻ってきた親鳥（メス）を待ちきれず、
思わず草陰から頭をのぞかせるヒナ（ふ化後約30日）。

給餌は本来メスの役割だ。オスから受け取った獲物
のヒヨドリを細かくちぎってヒナ（ふ化後約30日）に
与えるメス。

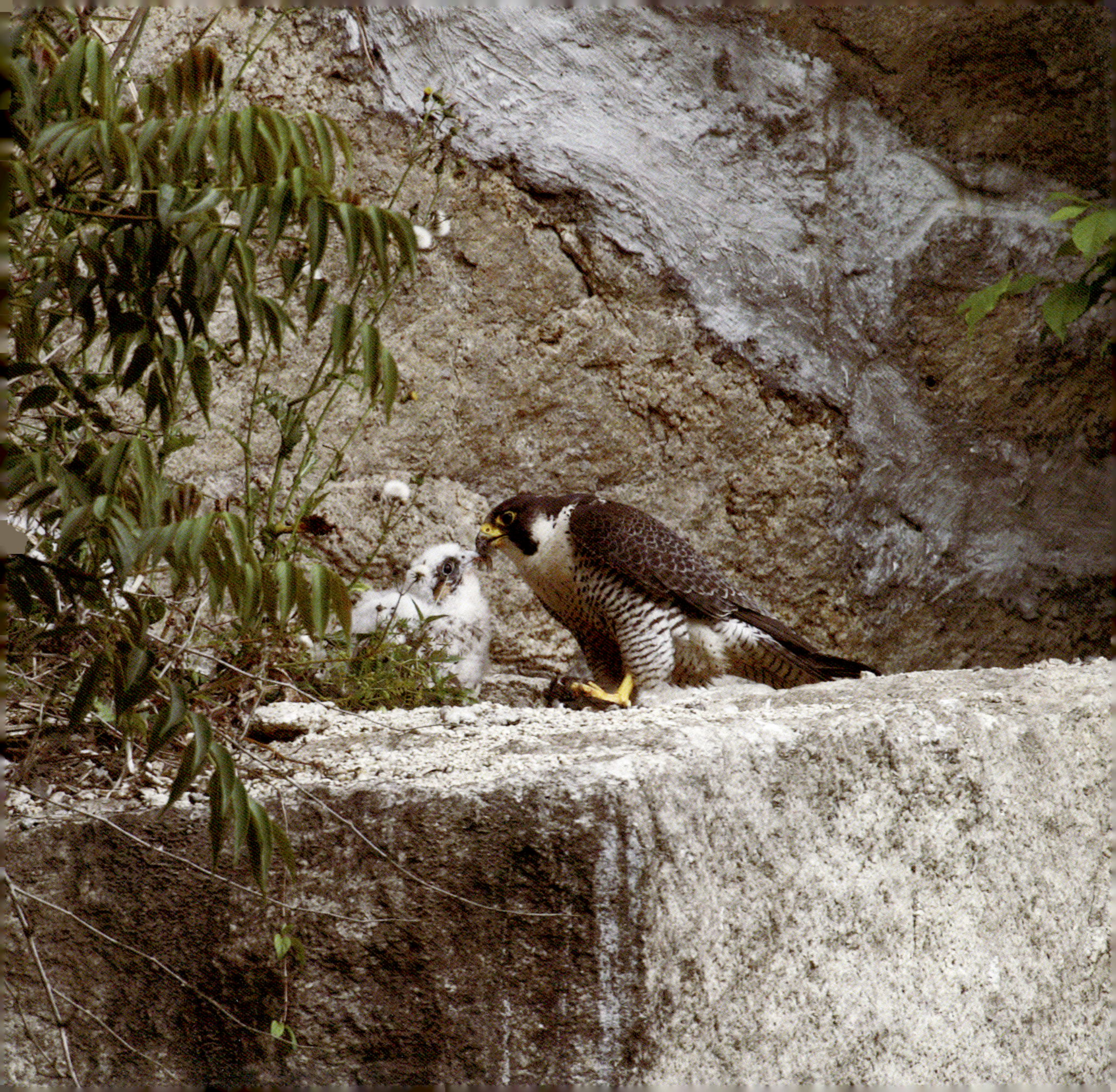

ヒナが小さい時期は親鳥が獲物を細かくちぎって与える。給餌を行うオスとその後で鳴き声をあげるメス（ふ化後約31日）。

樹木の陰に隠しておいた獲物のアオバト（緑鳩）をオスから受け取り、飛び立とうとするメス（夏場は獲物が腐敗しやすいため、できるだけ風通しのよい木陰を貯食場として利用しているようだ）。

ヒナはみるみるうちに成鳥し、やがて白い羽毛がぬけ顔の周りや羽根の先端が茶色に変化してくる（ふ化後約33日）。

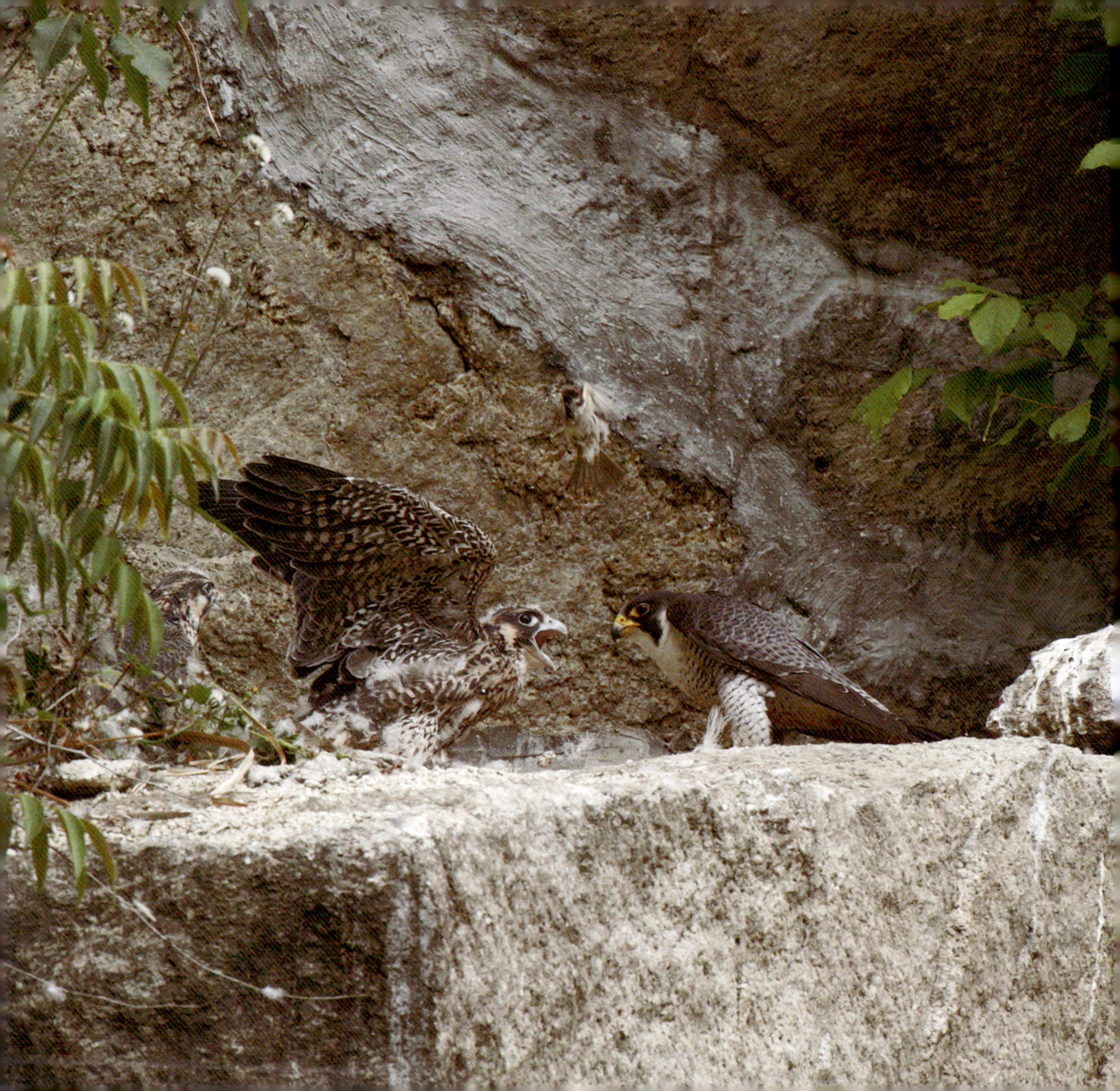

雨の日はなかなか獲物が捕れない。親鳥（メス）に空腹を訴えるヒナ（ふ化後約39日）。

ヒナが成長すると獲物の形を認識させるためだろうか親鳥は獲物を解体せずに生きたままで与える。スズメを捕えヒナに与えようとした瞬間、隙をついてスズメに逃げられてしまった（ふ化後約37日）。

親鳥(メス)に身を寄せ甘えるヒナ(ふ化後約39日)。親鳥に甘えることができるのも、あと数日間だ。

親鳥（オス）から獲物のムクドリを受け取るヒナ（ふ化後約40日）。

雨の日、親鳥（オス）が獲物のムクドリを持って岩棚に戻ってきた。
空腹のヒナ（ふ化後約40日）は鳴きながら親鳥のもとへかけつける。

岩場周辺に天敵のカラスが現われた。大きな鳴き声をあげ威嚇(いかく)する親鳥(メス)とカラスを見つめるヒナたち(ふ化後約40日)。

親鳥(オス)が獲物のスズメ(雀)を持って帰ると岩棚にいるヒナたちは
競って親鳥のもとへかけつける(ふ化後約40日)。

後れをとり獲物を受け取れなかったヒナは大きな鳴き声をあげ
親鳥に空腹を訴える(ふ化後約40日)。

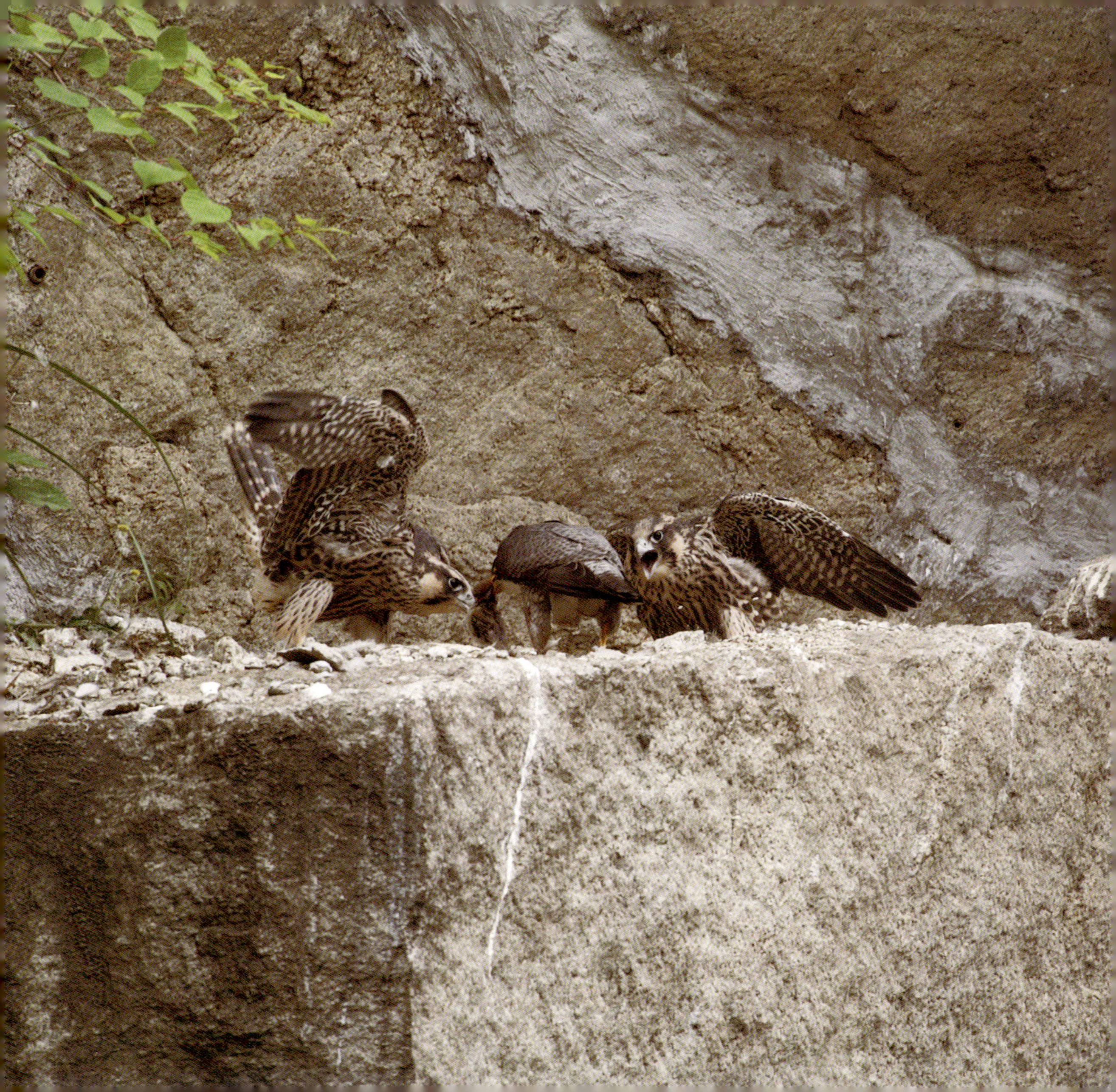

ヒナたち(ふ化後約40日)は巣立ちに備え羽ばたきをくりかえしたり、
遠くにいる親鳥の様子をみながら飛行や狩りの方法を学ぶ。

岩棚の端で羽ばたきをくりかえす3番目に生まれたヒナ（ふ化後約42日）。
あやまって落下してしまう場合もあり最も心配な時期だ。

親鳥（オス）は獲物のムクドリを持って戻ってきたがヒナのいる巣には入らず近くの木に止り巣立ちを促した。

ついに3番目に生まれたヒナが巣立ちした。巣立ちの瞬間、親鳥がほぼ水平方向に飛び立つのに対し、ヒナは飛翔力に不安があるのだろうか、やや垂直方向に飛び立って行った（ふ化後約45日、ちなみに1番目のヒナは42日目に巣立った）。

岩場上部にあるコナラの樹林を背景に、岩場付近を滑翔する巣立ったばかりの幼鳥（巣立ち後2日目）。

巣立ったばかりの幼鳥はなかなか飛ぼうとしない。飛翔力を高めるため親鳥（メス）は獲物の肉片を持って周囲を飛び回り、なんとか飛び立たせようと努力する（巣立ち後2日目）。

親鳥が獲物のムクドリを持って戻ってくると幼鳥たちは大声で鳴き叫び親鳥を自分の元に呼びよせようとする(巣立ち後3日目)。

獲物を受け渡す際、幼鳥の足の爪でケガをおう場合もある。親鳥は獲物を渡すとすばやく飛び去って行く。

強風の中、狩りにいかず、コナラの横枝に止り幼鳥たちの様子を見守るオス。

幼鳥は獲物を受け取る練習のため木の葉や小枝を持って飛び回る（巣立ち後5日目）。

翼をいっぱいに広げ気流にのって悠々と大空を旋回する幼鳥（巣立ち後6日目）。

幼鳥同士空中で足を掛け合い、天敵に対する攻撃の練習を行う（巣立ち後8日目）。

獲物のヒヨドリを持って飛び回る親鳥（メス）と鳴きながら後を追う幼鳥（巣立ち後8日目、親鳥は幼鳥の飛翔力を高めるためすぐには獲物を渡さない）。

親鳥（オス）が持って来た獲物のムクドリをあおむけに身をひるがえしキャッチする幼鳥（巣立ち後8日目、巣立ち前から親鳥の行動を見て学習している幼鳥は、親鳥〈メス〉とまったく同じ方法で獲物を受け取った）。

アカマツの横枝で休息をとる親鳥(メス)を見つけ、鳴き声をあげ近よっていく幼鳥(巣立ち後8日目)と逃げまわる親鳥。

巣立ちから10日目になると幼鳥もたくましくなってくる。親鳥同様、水平方向に向って力強く羽ばたく。

獲物(肉片)を持った幼鳥は他の幼鳥たちに奪われないよう安全な場所を探して飛び回る(巣立ち後15日目)。

幼鳥は獲物のセキセイインコを捕え誇らしげに岩場に戻ると、嘴で獲物の羽をむしり始めた(巣立ち後10日目)。

久しぶりに巣のある岩棚に戻って来た幼鳥は、空腹のためだろうか解体された後の羽を羽ばたきながら吹きとばし、古い獲物を探し始めた（巣立ち後25日目）。この後、幼鳥たちは親鳥と共に遠方の狩場に向ったのか、岩場周辺で姿を見かけることは少なくなった。

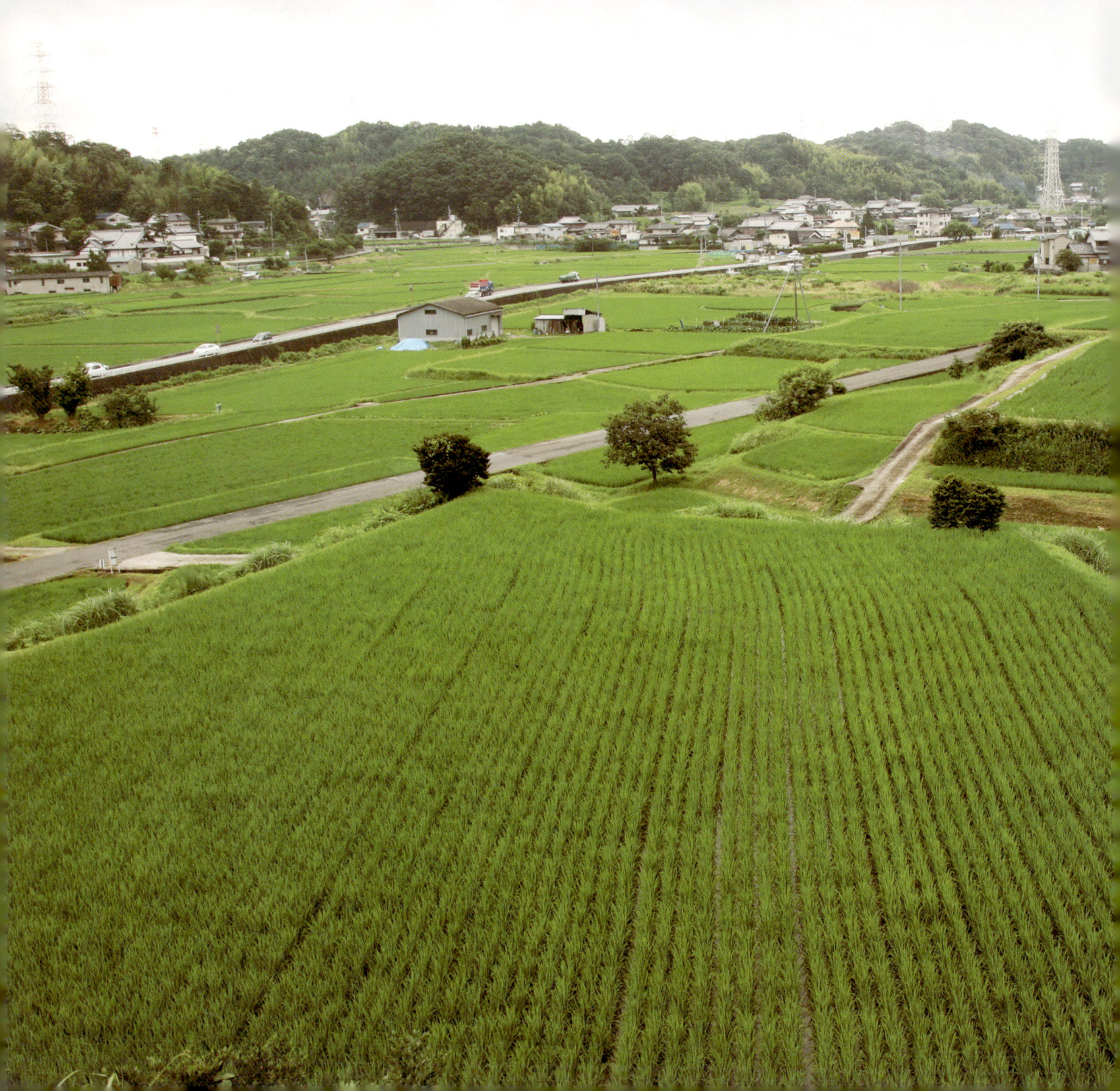

営巣地南側、交野市から生駒市北部にかけては広々とした田畑が広がり
ハヤブサの狩場として絶好な環境になっている。

近畿地方で見られる
ハヤブサの仲間

いずれも体長が30〜40cmとハヤブサよりも小さく獲物は小鳥以外にネズミ、昆虫等も捕える。またチョウゲンボウ、コチョウゲンボウは草原等で狩りを行うため、頻繁にホバリング（停止飛行）を行うのが特徴だ。

チョウゲンボウ
体長 35〜40cm、翼開長 70〜75cm　平地や草原等に生息し、ネズミ、小鳥、バッタ等を捕える。

チゴハヤブサ
体長 30〜35cm、翼開長 75〜80cm　秋、渡りの時期に交野の森上空で昆虫を追いかける姿を見かけることがある。

コチョウゲンボウ
体長 30〜35cm、翼開長 65〜75cm　平地の田んぼや草原等に渡来し、主に小鳥を捕える。

ハヤブサの営巣地付近で見られるワシ、タカの仲間

オオタカ
体長 50〜56㎝、翼開長 100〜130㎝　留鳥として九州以北の里山に生息し交野市周辺でも2番(つがい)程が繁殖している。

サシバ
体長 45〜50㎝、翼開長 100〜120㎝　夏鳥として本州以南の里山に渡来する。交野市では春や秋の渡りの時期に多く見られる。

ハチクマ
体長 55〜60㎝、翼開長 120〜135㎝　夏鳥として九州以北の山林に渡来する。春や秋に交野の森上空で時折見られる。

トビ
体長 60〜70㎝、翼開長 155〜165㎝　留鳥として全国に生息し海岸や河口等で見られる。

ハヤブサの営巣地付近で見られるワシ、タカの仲間

ハイタカ
体長 30～40㎝、翼開長 65～75㎝　中部地方北部の山林に生息し、交野の森周辺で冬場に多く見られる。

ミサゴ
体長 55～60㎝、翼開長 155～160㎝　留鳥として全国各地の水辺に生息し、時折、天の川上空で見られる。

ツミ
体長 25～30㎝、翼開長 50～65㎝　九州以北では夏鳥だが秋から冬にかけ交野の森で見られることがある。

ノスリ
体長 50～60㎝、翼開長 120～135㎝　近畿地方では冬鳥で時々ハヤブサの繁殖地付近に侵入し攻撃を受ける。

あとがき Afterword

　環境省レッドデータリスト絶滅危惧Ⅱ類に指定されている「ハヤブサ」は、主にハトやヒヨドリ、ムクドリなどの鳥類を獲物とし、留鳥として全国各地の海岸や、山地の岩場、草原等に生息するカラスぐらいの大きさの猛禽である。海岸地域での生態系では、食物連鎖の頂点に位置し、ハヤブサが繁殖する海岸は自然環境が豊かであるとされている。

　ところが近年、ハヤブサが都市に進出し、ビルのベランダや煙突の突起部などに営巣し、ドバトやムクドリ等を獲物として繁殖するケースが増えている。埋め立てや道路開発、地球温暖化などの影響で、海岸の干潟や岩場等に生息する生き物たちに異変が起きているのではないだろうか。

　本来、森や林、里山等には「クマタカ」「オオタカ」「サシバ」等の猛禽が食物連鎖の頂点にいて、それぞれの生態系を構築している。ところが、ここ大阪府交野市の森には、ハヤブサが繁殖しているのだ。巣のある付近は岩場だが、岩場周辺はコナラやアラカシ、ヤマザクラ等の広葉樹に覆われた森林である。繁殖地の近くではオオタカやフクロウが子育てを行い、冬場になるとハイタカやツミ、ノスリ等も観察される。またハヤブサの行動圏内には、タカの渡りの中継地として知られる交野山（341m）があり、春や秋にはたくさんのサシバやハチクマ等が上空を通過して行く。

　私がこのような特異な環境で繁殖するハヤブサの存在を知ったのは、今から6年前の夏である。撮影フィールドとしていた奈良高山の里に度々出現し、オオタカと激しくバトルを繰り広げているハヤブサの姿を見た私は、近くでハヤブサが繁殖しているのではないかと考えた。そして高山周辺の地形や環境を調査し探索を続けたが、ハヤブサの繁殖地を発見することは出来なかった。

　しかしその後、友人の鳥類研究者中津弘氏の協力で、ハヤブサが金剛生駒紀泉国定公園の北端、交野市哮ヶ峰近くの森で繁殖しているとの情報を得ることが出来た。それから6年間、約400日にわたりハヤブサの行動を記録し続けることになるのだが、観察を続けるうちハヤブサの細かな生態や、海岸部に生息するハヤブサと交野の森に暮らすハヤブサとの行動の違い等が解ってきた。

例えばハヤブサは抱卵期、オオタカのようにメスが主に抱卵を行うと思われていたが、個体によっては雌雄交代で抱卵を行う番(つがい)もいること。狩りは主にオスの役目だと思われていたがメスも積極的に狩りを行う個体がいること、ヒナが成鳥し巣立ち前には生きたままの獲物を与えること。さらに海岸部に生息するハヤブサが断崖から飛び立ち急降下して獲物を捕えるのに対し、交野の森のハヤブサは山腹の尾根上にある鉄塔に止り、獲物を見つけると斜面に沿って滑翔、急降下して獲物を捕えるといった違いがあること等だ。

　ハヤブサが暮らす交野の森の北側には、交野市や枚方市の市街地があり、東側尾根向こうにはゴルフ場。また南側には生駒市北部の田園地帯が広がっている。したがってハヤブサの捕える獲物も環境によって様々だ。繁殖地付近では森の野鳥であるアオバトやキジバト、カケス、ヒヨドリ、ヤマシギ等の他、ヤマガラやシジュウカラ等の小鳥も獲物として捕えている。またゴルフ場では主にムクドリを、市街地ではドバトやレースバト等。さらに田園地帯ではタシギ、クサシギ、セッカ、ホオジロ、キセキレイ、スズメ等と実に多くの種類の野鳥を捕えている。

　ハヤブサはこのような環境で毎年のように繁殖行動を行ってきたが、私が通いはじめた最初の3年間はことごとく繁殖失敗に終っている。1年目、2年目は抱卵までは確認出来たが、ふ化後にヒナが死亡した。原因は不明である。また3年目には2羽のヒナが誕生したが、巣立ち直前に親鳥（メス）とともに岩棚から転落し死亡した。後日、原因は残留農薬による毒物死ではないかと伝えられた。1羽だけ、とり残された親鳥（オス）は悲しみに打ち拉がれ数日間、毎日のように岩場上部の止り木でうなだれていた。もう交野の森でのハヤブサの繁殖は無理ではないかと思われたが、その年の秋、新たなメスとのカップリングが成立し繁殖に至った。その後、繁殖は成功し毎年3羽のヒナが巣立っている。

　獲物が競合する猛禽たちが多く、繁殖地としては厳しい環境に暮らす「森のハヤブサ」だが、苦難に負けず、いつまでもナニワの空を舞い続けてほしいものである。

与名 正三

Profile 与名 正三 Shozo yona

1951年 奄美大島に生まれる。
1969年 鹿児島県立大島実業高校卒業。
1974年 大阪写真専門学校中退。
1988年 スタジオ勤務を経てフリーとなる。

個展　1988年「野鳥四季彩」コダックフォトサロン
　　　1990年「鳥たちの詩」コニカフォトギャラリー
　　　1993年「野鳥浪漫」コニカフォトギャラリー
　　　1995年「季告鳥」コダックフォトサロン

現在、幼児教育雑誌『ひかりのくに』『こどもとしぜん』(ひかりのくに)、『なかよし文庫』(登龍館)、教科書、毎日新聞、サンケイスポーツ、奈良新聞等に作品を掲載。著書に『奈良高山の自然』(東方出版)がある。

(財)日本自然保護協会会員。

現住所　〒630-0223 奈良県生駒市小瀬町343-16
　　　　TEL.0743-76-5779

森のハヤブサ ナニワの空に舞う

2011年2月19日 発行　初版第1刷発行

著　者　与名 正三
発行者　今東 成人
発行所　東方出版(株)
　　　　〒543-0062 大阪市天王寺区逢阪2丁目3番2号
　　　　TEL.06-6779-9571　FAX.06-6779-9573
デザイン　井原 秀樹(大倉靖博デザイン室)
印刷・製本　泰和印刷(株)

©2011 Printed in Japan Shozo Yona
ISBN 978-4-86249-172-5
乱丁・落丁本はお取り換えします。

奈良高山の自然	茶せんの里の生きものたち	与名正三・中津弘	2,000円
大和路の四季折々	庄司太輔写真集	庄司太輔	2,200円
奈良大和の祭り		写真・文　野本暉房	2,000円
多武峰 談山神社の四季	根津多喜子写真集	根津多喜子	1,200円
やまと花つづり	根津多喜子写真集	根津多喜子	1,200円
大和つれづれ	根津多喜子写真集	根津多喜子	1,200円
大和浪漫	あらたひでひろ写真集	あらたひでひろ	2,800円
西国無常	あらたひでひろ写真集	あらたひでひろ	1,800円
大和路の伊勢本街道	楠田光信写真集	楠田光信	1,800円
長谷寺の四季	矢野建彦写真集	矢野建彦	1,500円
室生の四季	矢野建彦写真集	矢野建彦	1,500円
山の辺の四季	疋田勉写真集	疋田勉	1,200円
季語の風景 Ⅰ・Ⅱ		写真・河村道浩／文・山崎しげ子	各2,500円

（表示価格は税抜き）

TOHO SHUPPAN